U0597641

你所走过的路，都是必经之路

没有白吃的苦，没有白走的路

〔日〕今野由梨／著

普磊 译

台海出版社

你所走过的路，都是必经之路

没有白吃的苦，没有白走的路

［日］今野由梨／著

普磊 译

台海出版社

图书在版编目（CIP）数据

你所走过的路，都是必经之路 /（日）今野由梨著；
普磊译. -- 北京：台海出版社，2017.12
ISBN 978-7-5168-1639-4

Ⅰ.①你… Ⅱ.①今… ②普… Ⅲ.①人生哲学—通
俗读物 Ⅳ.① B821-49

中国版本图书馆 CIP 数据核字（2017）第 269640 号

DAIJYOBU
by Yuri Konno
Copyright © 2015 Yuri Konno
Simplified Chinese translation copyright © 2017 by Beijing Golden Palm Reading
Culture Media
All rights reserved.
Original Japanese language edition published by Diamond, Inc.
Simplified Chinese translation rights arranged with Diamond, Inc.
through Eric Yang Agency

版权合同登记号：01-2017-7293

本书为引进版图书，为最大限度保留原作特色，尊重原作者写作习惯，故
本书酌情保留了部分外来词汇。特此说明。

你所走过的路，都是必经之路

著　者 |（日）今野由梨　　　　译　者 | 普　磊

责任编辑 | 刘　峰　　　　　　策划编辑 | 郭海东　张　颖
封面设计 | 主语设计　　　　　责任印制 | 蔡　旭

出版发行 | 台海出版社
地　　址 | 北京市东城区景山东街20号　邮政编码：100009
电　　话 | 010 — 64041652（发行，邮购）
传　　真 | 010 — 84045799（总编室）
网　　址 | www.taimeng.org.cn/thcbs/default.htm
E — mail | thcbs@126.com

印　　刷 | 北京嘉业印刷厂
开　　本 | 880 毫米 × 1230 毫米　1/32
字　　数 | 110 千字
印　　张 | 6
版　　次 | 2018 年 1 月第 1 版
印　　次 | 2018 年 1 月第 1 次印刷
书　　号 | ISBN 978-7-5168-1639-4
定　　价 | 38.00元

版权所有　侵权必究

作者寄语

首先，感谢能让我的作品《你所走过的路，都是必经之路》在中国出版，我为此感到非常荣幸。我与中国的缘分极其深厚。1986年，当时中国政府重要领导委托："请日本各界领军人物来中国各地看看。"于是，我便踏出了首次来华之旅。近年来，收到北京大学、清华大学等中国许多大学的演讲邀请，不仅限于北京，各地政府官员也邀请我去参与各地区的交流。真的来到中国，与当地人实际接触之后，让我清楚感受到日本媒体未曾谈及到的中国现状。时至今日，中国各界对我尊敬、友善，甚至说我是"无国境之母"。

我认为，中国与日本构筑更加深厚关系的时代已经到来。此时此刻，中国与日本应当携手共进。

Dial Service株式会社　社长　今野由梨

前　言

　　"如果没有那次经历该有多好啊！"人生路上，没有一件事能够套用这个假设。

　　我提笔写这本书的时候，眼看就快到80岁了，重新回顾自己这半辈子，才能总结出这样的"实感"。追悔莫及，艰苦辛酸，或感到老天不公平，类似这样的经历不胜枚举。只不过，"所有的经历"都有其意义所在，这些经历之间相互累积、紧密关联，才塑造出现在的自己。

　　我觉得："人生就是拼图游戏。"

　　突如其来的事情或今天的执意选择，其"意义"又何在呢？很遗憾，当时的我们无法究其缘由。

仅凭手中拿到的一块拼图，难以想象最终能够组合出一幅什么样的画面。正因如此，无论遇到任何事情，得到任何结果，"即便表观认为没有意义，其中必然蕴含重大意义。"

面对无数种选择，我们的选择是瞬间的、不自觉的、无意识的，选择的结果成就了"今天的自己"。

几十年前的"某日、某时、某一瞬间"，在自己不经意间，如果选择"向左"而不是"向右"的话，或许"现在的自己"不复存在。

后来回忆起来，不清楚当时为什么"选择了向右"，但是"选择向左的人生早已不复存在"。

我认为所有的事情都有意义，但并不是在弄清其意义的前提下展开行动。

毋庸置疑，绝大多数情况是"当我们做选择时，我们并不清楚有何意义"。

当我们领会到意义时，也是很久之后了。

随着时间流逝、思考深入，以及行动长久以来的结果，在某个时机终会领悟到："那时的选择原来有这样的意义！"

人生没有偶然，万事皆有意义。

凭经验，我已经了然于胸，即便突发事件也能接受。可以随波逐流，也可以听之任之，对任何事情都能充满感激。

　　若非如此，也不会将巴西长大的20岁男孩收为"养子"。他突然出现在我的面前："您可以成为我的母亲吗？"三秒钟我便应道："哦！当然可以！"

　　"虽然此刻不明就里，但这种相遇必然有其深刻意义。对我来说，或对这个孩子来说，我们都是彼此重要的一块拼图。"

　　"开什么玩笑？我怎么可能同陌生人一起生活！"假如当初断然拒绝了那个孩子，也就不会领悟到"家庭的重要意义"。

或许你会对现在正在做的事情感到没劲、无趣。

一方面是厌恶的情绪，另一方面又不得不做。

或者被某种利益所诱惑。

或者喜欢做，但身体或内心感到疲惫。

总而言之，"发生必然不是偶然！"

即便没有及时得到答案或结果，试着让自己相信
"发生必然不是偶然"。一步一步，朝着前方走下去。

一块块拼图相互拼接就会出现意想不到的图案，等到图案逐渐成形就会领悟到："这件事原来是促进自己成长的关键。"

深谙其道，但也会遇到肝肠寸断的时候。

即便深谙其道，也会出现难以从苦痛中抽离，肝肠寸断的情况。内心无法承受之痛，一蹶不振。看不见明天的光明，一步也无法前行。

如果陷入这种境遇，怎样才能治愈内心的痛苦？

从"谷底"艰难救赎的我得出这样的结论："自我反省，坚信希望在明天！"今天过得艰辛，还有

"明天"。"明天"依然艰辛，后天即将来临！"明天"充满各种可能性。

即便走投无路，也不能放弃最后的希望。哪怕眼前只有一棵草，试着紧紧抓住。或者不被看好的一叶之舟飘来，也要大胆乘上。

"好不容易撑到现在！"只需一小步，全新的一页正等待你的到来！

或许大家仍然不相信"明天"会比今天更精彩。不过，我还是明白的。

"如果没有那次经历该有多好啊！"人生路上，

没有一件事能够套用这个假设。

战争中捡回一条命，战后又熬过粮食紧缺，30岁之前没有丝毫就业机会，一直在海外流浪。就是在这样的艰苦条件下成为风投企业家，并设立Dial Service公司，在日本国内推广"婴儿110""儿童110"等"电话聊天服务"，同时历任总务省、通产省、厚劳省、金融厅等44个政府公职。在经历难以想象的苦难之后，于1985年幸运获得了"邮政大臣奖"，1998年获得"世界优秀女企业家奖"，以及2007年获得日本勋章"旭日中授章"。

当初连吃饭都成问题的我一直坚信，那些帮助过我的人也同样坚信，即便当下如何艰辛，只要相信

"明天"，谁都能活出自己。

充满可能性的"明天"，对任何人都是公平的。

比起别人，我的条件绝对算不上好的，但却能走到如今的高度。所以，你也要相信自己可以做到。

"Everything is going to be okay. You can do it!"

（"没关系。一定可以！"）

如果艰辛，可以驻足停留，好好休息一下。但是，并不意味着到了终点，你还要一步步前行，不懈努力。

相信明天，相信自己，相信自己能够创造"属于自己的未来"。

"感到绝望的时候，试图放弃的时候，希望能够翻翻这本书！"我就是怀着这样的执念，写完了这本书。

希望本书能够给您带来一些帮助。

Dial Service株式会社　社长　今野由梨

目　录

第一章
思考生存方式

第二章
改变自我的能力

第三章
亲子关系必不可少

第四章
健康和紧张

第五章
工作和劳动的方式

第六章
人生与国家

第一章

思考生存方式

"真正的复仇"是由衷感谢不可饶恕的人

我的儿子（养子）8岁之前一直在圣保罗（巴西），刚来日本时只会自己的母语——葡萄牙语。

正因为来到日本后语言不通，孩童时代经常被欺负。于是想努力变强，苦练柔道，逐渐崭露头角，成为一所高中的特招生。

但是，在新的环境里，他仍然遭遇校园暴力，最终不得不退学。

此后，他过了一段颓废的日子，幸好不久便找到了新的出路——创业之路。

他自学掌握计算机技术、IT、软件等知识，18岁开始创业。当时，作为"18岁企业家"备受关注，被NHK积极宣传报道。

不久之后，或许是命运的安排，我和儿子相遇了。

当得知儿子曾经遭受到的悲惨暴力，我这样对他说："一定要复仇，我会帮你的！"

所谓复仇，并不是"以牙还牙"的低级、单纯的报复。为了无聊的报复，将自己宝贵的时间和精力白白浪费。

我教给儿子的是"真正的复仇方式"。

"真正的复仇"是指毫无怨恨，"由衷感谢"那些不可饶恕的人。感谢，这就是最大的复仇。

当你有所成就之后，邀请那些高中时曾经对你施加暴力的人，召开"感谢会"。以毫无怨恨、由衷感谢的心态对他们说："如果没有那段经历，也不会成就今天的我。那段经历对我影响真的很大，真心感谢大家。"就这样，与高中时代的牵绊做个了结。

在爱尔兰，有这样一段格言："不许哭，去复仇。最好的复仇就是活出最好的人生。"

我发自内心的赞同。当年如果儿子没有遭遇暴力，继续学习柔道，或许他能参加奥运会。只不过，我还是想说："现在的结果最好。"

毫无疑问，暴力伤害了他的心灵。不过，正是经历严峻考验之后，才有了现在的他。

面临"人生的方向转换"，决不能逃避。始终蜷缩于一处，肯定不是勇气的表现。朝新的道路前行，幸福正在等着你。

真正的复仇是"感谢"绊倒自己的人，阻止自己前行的人，让自己遍体鳞伤的人，贬低自己的人，直到能够由衷感谢："多亏你们的存在，我才能找到属于自己的路。"这个时刻到来时，也就意味着放下了恨意，能够活出自己的人生。

蒙受恩惠之后加倍偿还

我一直支持年轻创业者，所以被称为"风投之母"。身处逆境，尝尽辛酸，从中得到人生磨砺的年轻人，也是曾经的我的真实写照。

我的支持并不给那些只懂伸手索取的人，对于什么都不做，只会浪费时间的人，我懒得支持。

我也见过很多嘴上说着"吃苦是福"，却无所事事，陷入迷茫的企业家。不通过自己努力翻身，一味地依靠别人，这样的人，迟早会自取灭亡。

我自己也被很多人帮助过，对助我成长的人丝毫不敢忘记。将接受的恩惠铭记于心，牢记一辈子。

我接替前任担任理事长的财团出现了财务丑闻。可我丝毫没有畏惧或愧疚，也对得起天地神明。但是，媒体把我当作攻击目标，每天大肆报道。毕竟"女性"理事长这一条，就是响亮的新闻素材。只不过，还有很多人始终相信我的能力。

　　桥本龙太郎原首相（已故）为了挽回我的名誉，不厌其烦地向各部门的相关负责人一一通话。在各种媒体一致针对我的时候，"政府税制调查会"的会长加藤宽先生（已故）始终坚决为我说话："今野每天都很辛苦！你们这些媒体真是忘恩负义，给她增加负担。大家都很支持今野，不要被这种程度的诋毁打败，大家相信你。"

在一瞬间，我决定："这个人就是我一辈子的恩人！"（之后，此事件证明是前任非法使用财团资金，我是清白的。）

但是，若然我真的做了错事，那该如何是好？

桥本龙太郎先生、加藤宽先生等也会被追究责任。竟然在明白风险如此之大的情况下，毅然决然选择相信我。作为一个人，我认为："值得以性命去报这份恩情！"

所谓报恩，是指回报"天恩""父母之恩""人恩"。可是，把报恩挂在嘴边的自己或许有些妄自尊大。因为受到的恩惠比海还要深、比山还要高，幼稚的自己无论如何都无法彻底报恩。

我认为如果没办法"报恩"，至少要做到"传递恩情"。

"传递恩情"并不是将受到的恩情直接回报给那个人，而是毫无保留的帮助更多需要帮助的人。所以，我努力成了风投企业家，并且经常告诉年轻创业者们这些道理：

"接受了我的恩惠，不必对我报恩。但是，你们要把这份恩情成倍传递给更多的后来人。如果获益增多，必须将其中1%回报给社会。以任何形式回报给任何人都行，希望践行这个约定。"

接受了某个人的善意，可以通过报答这个人，也可以选择将其传递下去。自己受到的恩情，加倍还给后来的其他人。这样一来，感恩之心便会发生连锁反应。或许，这就是真正的报恩方式。

金钱用于社会和人类，幸福自然来

曾经有位做生意的朋友半开玩笑地对我说："你是不是打算成为无家可归的流浪者？"经营者的金钱观是非常严谨的，但他们在平常生活中并不是"守财奴"。

我也持有年轻中小企业的股份，但并不是为了投资储蓄，而是为了激励他们。

原本我对"投资金钱，以钱换钱"的思想就不太赞同。

"辛勤劳作赚到的钱才实在！"正因如此，即便这家企业成长斐然，我也不会卖掉股份。当然，有时候干脆忘了有股份这件事。

"今野，我可不想看到你花光自己所有的钱，连家用的钱都没有的穷困潦倒样子。还是别再支持年轻创业者，自己多留点钱养老，别总让我们担心！"

感谢这么关心我，但是我仍然认为："钱没了算不了什么。"

即便拥有再多的财富，如果没有用于建设更美好的社会，那和没钱毫无区别。

思考金钱对人有何意义的时候，关键在于如何使用金钱，而不是一味地做数字积累。"将钱用于社会及人"才能获得充满笑容的人生，如同我的母亲。带着这样的信念活着，必然能够获得"最基本所需金钱"，或许也是一种心理满足。

战后极其贫苦的环境中，母亲的笑容依然灿烂。在那个阴霾遍布的年代，母亲始终大声爽朗地笑着，用明亮的歌声唱着。

我自己也曾下定决心不输给任何人，但至今未能超越的人就是"母亲"。

母亲比我这个大学毕业生还深刻懂得"人的本质"。但当时，我甚至肤浅地认为母亲真蠢，这么穷还能笑得出来。其实，愚蠢的那个人是我。

母亲是不是在面临任何处境下都能始终保持笑

容？已经无法从去世的母亲那里得到回复，但在如此艰辛的环境及状况下，母亲知道能够给予别人最好的就是"尽可能的开心"。

幸福和富裕并不是一回事。母亲一辈子都没过上富裕的生活，但却拥有幸福的人生。

大学毕业后返乡（三重县的桑名）时，一对不相识的母子向我打招呼。对我说："我们母子能够活到今天，多亏了您母亲的帮助。真的非常感谢！"

我不如母亲，但至少学母亲那样，"不为自己留下金钱，而是用于社会及人类"。无论是金钱、技术或时间，分享我拥有的一切。不图回报，以身作则。

哪怕能力有限，只要能够帮到别人就好。

如此一来，人即使不富裕，也能过得幸福。

你所走过的路，都是必经之路

让其他动物也能感受到人类的"善心"

听到"猫飞扑过来",眼泪不禁溢出。

以前养过一只名叫"小D"的猫。我在创立"Dial Service"公司不久,在公司附近的林子里发现了这只猫。

好像刚出生不久便被乌鸦袭击过,满身是血,已经非常衰弱。于是,赶紧将它送到了"动物医院",兽医检查时说了一些触目惊心的话:"我已经无能为力了。这只猫就快死了,把它放这吧,待会我会处理。"

我可不是为了带它到这来接受处理的!于是,坚持说:"医生,拜托您想想办法,帮帮这只小猫。"

无论怎么请求，医生始终无动于衷。万般无奈，只能将它带回自己家里。

虽然带回来了，仍然手足无措。打算喂点牛奶，但牛奶倒入盘中，它一点都没喝。

我甚至用"脱脂棉"蘸着牛奶喂它，它仍然未张口。

实在没有办法了，干脆用自己的嘴给它喂牛奶，还好最终喂进去了一点。

稍微能够放心点了，但还不知道能不能恢复健康。于是，先用绒布给它包住保暖。

第二天，看到小猫，它的脸色似乎好了一点。我继续小心翼翼地照料，不久它便能在屋子里走动。我给它取了个名字叫"小D"，是我的公司"Dial Service"的首字母。

小D长到5岁左右，有一个出名的盗窃犯"蜘蛛"潜入我家。公寓内几乎所有房间都是一片狼藉，唯独我的房间没有任何被盗迹象，也没有财物损失。这个盗窃犯被捕后受到警察的审问，交代了事实："我刚进那间房准备搜寻，一只猫飞扑过来，发出刺耳的叫声，我慌忙逃到外面。"

当我听到这个消息，眼泪不禁溢出。被我救回一条命的小D，居然勇敢地用身体阻挡盗窃犯，守卫我的房间。再看与我对话的警官腿边，小D对着我"喵"了一声。

人类的"真心"也能传递给动物。比如，猫就不会忘记"以前的恩情"或"对它悉心的照顾"，会舍命报恩。饱含真心或爱意的行为，也能毫无保留地传递给动物。

人与人之间也是如此，即便当今的人际关系很难处理，只要能够对别人真心相待，几年或几十年后，必将通过意想不到的形式得到回报。也或许不是当事人的直接回报，而是种种因果循环最终自己得到好报。所以，只需要做好一件事："真心对待某人，为其付出。"

真正站在对方立场考虑，与动物也能心灵相通

与动物也能心灵相通。

我最早意识到这个事实，是在4、5岁左右。桥的栏杆一边拴着一匹马，它正在吃饲料。我悄悄地靠近它身后，马受惊转过身来。紧接着，马突然咬住被吓得快要跌倒的我。马主人看到了赶紧跑来，气愤地拍打着马说道："为什么咬人！"

但是，事实并非如此。事实上，马是拽住即将越过栏杆掉入河中的我，是它救了我。马不会用手脚抓住东西，在我快要跌倒时，它只能咬住我的"衣服"。

我与马在那一瞬间心灵相通。只不过，无论我怎么说"马没有恶意"，大人们都很难接受小孩子的解

释，他们根本不相信我。

那匹马的咬痕在我手臂上留了几个礼拜。

而且，在那之后我再也没能遇见那匹马。

我感到负罪感，同时坚信："人与动物也能心灵相通。"

以前，去塔斯马尼亚（位于澳大利亚）考察时，被野生动物园中的塔斯马尼亚恶魔"袋獾"（与熊相似的塔斯马尼亚特有动物）咬了。

我准备投喂它时，从塔斯马尼亚恶魔的表情透露出：

"可以吃吗？"于是，我用眼睛暗示它："快吃吧！"

紧接着，它没有看着食物，而是朝着我的手咬了一口。

塔斯马尼亚恶魔的下颚异常坚韧，能够咬碎猎物的骨头。被它咬住，猎物几乎无法逃脱。

但是，它只给我留下咬痕。当时我一个劲地对它说："I Love you！"或许因为听懂了才没有咬得更狠。

那时，还在动物园看到一只雪白的鹦鹉，它在我面前表演舞蹈。

鹦鹉在我的脚下飞来飞去，有模有样地跳着舞。看起来并不是偶然，更像是费尽全力对我诉说着什么！似乎感觉到了我内心的惊讶，它飞到了我的肩上，更加卖力地翩翩起舞。它的表演完美无缺，甚至觉得它是某个我熟悉的人的转世。

　　动物与人类生存在同一地球上。决不能简单粗暴的分为"低等动物"或"高等动物"，所有动物都是宝贵的生命。

　　只要真心考虑对方，与言语不通的动物也能心灵相通。对我来说，动物是不可代替的家人，是朋友，也是我的老师。动物带给我的纯洁心意，使我的心灵得到了净化。

动物虽然不通人类语言，但其细微的本能反应或许是人类比不上的。通过人类与动物之间的关系，也能学习到人与人之间应有的相处状态，同时也能学习到"心灵相通的方法"。

从我做起，构筑和谐人际关系

即使别人对你"忘恩负义"，也不能轻易一刀两断。

常言道："往者不追，来者不拒。"我却坚持"往者可以追三次"。

可能对方也希望与我修复关系，但内心纠结，不好意思先开口。所以，通常我会主动联系，至少试着打3至5次电话。即便如此，有的人还是无动于衷。

我比较毒舌，喜欢与人吵架。我会严厉对待年轻创业者，用骂声激励他们。

但是，吵架并不是我的目的。

因嫉妒而攻击我的人，反复无常的人，乱用暴力的人，自私自利的人，忘恩负义的人等，这样的人我会置之不理，我可不想浪费时间和精力。

我的吵架仅停留在嘴上，不会往心里去。不记仇，很快便能重修旧好。善忘、无牵绊的性格，使我做事也不会拖沓。

明显对方有错或自己蒙受损失时，决不能用吵架的方式来断绝关系，这样不值得同情。不如干脆与对方一刀两断，最多感叹一下："好吧！活该！"心情也会很快变好。如果对方反省认识到自己的错误，并希望修复关系，我也不会拒人于千里之外。

雷曼危机时期，某个中小企业倒闭了。投资人结成"受害者联盟"提起诉讼，希望企业返还投资的钱。

我也是投资人之一，却没有加入受害者联盟。因为，无论如何，企业经营者并不是恶意使企业倒闭的。

怀揣创业理想，却被卷入"时代大流"而破产的他（企业经营者），其实也是受害者之一。而且，他也有家庭。不能因失败而迷失自己，重新振作，赚钱还给投资受害者是他的责任。

所以，我不能站在他的对立面，我应该帮他一把。所以我不但没有诉求还钱，反而继续投资帮他重新振作。

换句话来说，如果是自己犯错惹怒对方时，我会立即乖乖道歉。可能会再次惹怒对方，但决不能逃避。无论对方怎么为难自己，都要鼓足勇气，拿出诚意。如果没有诚意，修复关系基本没戏。或许刚开始没有重新当你是伙伴，但只要真心实意，不太可能被舍弃。

　　你讨厌对方，对方也不待见你。所以，对待性格不合的人，我会主动迈出第一步。

　　面带笑容打招呼，诚心感谢，平和交谈。

　　当然，并不是立即就能修复关系。即便如此，也要自己先敞开心扉，这样才能容易改善人际关系。"只要用心待人，别人也会用心待你！"这是人的本性。

　　将恨或被恨、伤害或被伤害抛在脑后，善用自己
宝贵的时间。争吵之后，我总是示好。无论自己是受
害者还是施害者，都是我先示好。

不能忘记如何利用金钱

在自己能力范围内，坚持"分享的心态"。

可以为了某个人，试着花费自己一部分金钱。

有钱的人不能做守财奴，应该将其用于人类、社会及国家。

守财奴就是"贪婪独享"，利用金钱使自己过上优雅高贵的生活，其实这是一种被金钱腐蚀的心态。

我还是小学生的时候，洗澡堂的老板爷爷总是在我回家的路上等着我。等我来了，请我吃年糕甜豆汤，听我给他讲故事。一边是饿得心慌慌的我，另一边是温柔的爷爷。只要爷爷在，我的内心就能放松。

我上幼儿园之前，每晚都会坐在爷爷的腿上，在灶台温暖柴火旁边听爷爷给我讲故事。之后，战争结束了，轮到我给爷爷讲故事了。

如今回想起来，吃年糕甜豆汤的只有我，爷爷没有吃。

当时的爷爷已经失去家产，应该没有收入。但是，就是用仅剩的钱，一次又一次请我吃年糕甜豆汤。

毫无疑问，在滋润我内心的人中，那位爷爷是其中之一。

爷爷听我说故事，彼此心灵交流，成为我的力量，在那个粮食紧缺的时代救了我，也让我发现了自己的价值。

那个大家都饥肠辘辘的时代，大部分人没有收入。而那位爷爷却为一个同街的孩子花钱，他就是我心中的伟人，是"为社会、为人类"的表率。

爷爷并不是有钱人，却舍得为我付出。即使没钱也要为我坚持，小小一碗年糕甜豆汤让我健康成长。

我并不知道爷爷自己是否懂得"如何使用那个时

代珍贵的金钱"。但是，对我来说却是一辈子无法忘记的"金钱利用方法"。

当时的我只是感到果腹之后的幸福。如今回想，那种感受已经深入骨髓。

让我懂得"别人有困难就要帮忙"的人就是那位爷爷，就是那一碗年糕甜豆汤。

"没有精气神的创业者自然不会露出笑容。"爷爷的行为也反证了这个道理。

即便现在有人给我一个亿，也抵不了当年一碗年糕甜豆汤的恩情。

试着给别人花钱，"一天几十块"也行。

同爷爷一样，"为了社会及需要的人使用自己的金钱"才是正确的财富观。

第二章

改变自我的能力

"经验的总量"才能展现你的才能

"一无所长，无所事事。"

"没有才能，没有能力。"

如同这般悲观、毫无自信的人不在少数。只不过，当真这样"一无是处"吗？

我认为："谁都有自己的作用，每个人都被赋予了才能。"并不是没有才能，仅仅是未发现才能。

才能这东西，百人百样。

善于学习，擅长绘画，乐器演奏得好，跑得快，甚至会捕虫都是了不起的才能。

每个人的"才能"和能否发挥"才能"的环境有关系。

甚至不懂缝纫手工，也毫无运动细胞的我在"学艺会"内也被尊称为"女王"。同样，班里最调皮的男孩，在运动会上说不定就是大家的"英雄"。

在我的朋友圈中，活跃于服装设计、建筑设计领域的人不在少数。但是，我却毫无相关职业能力。

话说回来，我有什么才能呢？那就是"预见尚在萌芽的新生事物，并促使其实现的能力。"所以，我成为一名风投企业家。

老天爷对所有人都是平等的，赋予每个人特有的"才能"。那么，如何才能深度挖掘属于自己的才能？能够发挥才能的人和尚未发挥才能的人又有什么区别呢？

我认为是"经验的总量差异"。

越是拥有许多创新经验或非比寻常经验的人，越是能够发现自己的优势及劣势，使才能之花全面绽放。

童年时的我不善家务，当时就觉得将来不可能成为全职主妇。所以，从来没有考虑过结婚后回归家庭。如果所有人都能做自己擅长的事，整个世界就会变得无比幸福，我最擅长的事就是工作一辈子。

"自己擅长什么？""自己拥有什么才能？"年幼时的我并没有明确的答案。

　　"随心而动，做自己想做的。切勿惧怕失败，勇敢挑战。只有这样，才能发现自己的作用。"所以，敢于踏出常人无法做到的第一步。经历各种或好或坏的结果，自己的才能、前行方向等才会逐渐清晰呈现。

　　能否启动"沉睡"的才能，取决于"经验的总量差异"。

　　通过不同环境下的各种经历，我们才能发现天生的才能。畏缩、恐惧或逃避，永远无法发挥自己的才能。每当没有自信时，试着开始"全新行动"。也许会后悔，甚至会受到伤害。但是，这种"经验的总量"就是才能的萌芽，会在不经意间开花结果。

20岁受的苦决定人的"能量值"

为了今后活出自己，20岁左右应试着活得"窝囊"。无能也好，窘迫也好，尽情折腾。

20岁左右吃苦的经验将会深深植入体内，在今后的人生中发挥巨大能量。

大学毕业后，我成了现在所说的"自由职业者"。所有公司的面试均告失败，我的就业大门被关上了。

没有人愿意雇用我，只能自己创建公司。我决定："10年后，也就是32岁一定要成立自己的公司。"于是，为了积累人脉和资金，我开始打好几份工。

毕业之后的4年里，我过着"一天打四份工"的生活。

　　早上，凭借学生时代在报刊部的经验，向传单广告等投稿。

　　接着，9点至12点之间，整理三浦朱门和曾野绫子的口述稿件。

　　下午开始，编辑报刊社的稿件（电影评论）和《街中歌声》（TBS）电视节目的文稿。

　　最后，在新宿的表演茶馆"灯火"打工，负责策划、演出、广告。

所有工作完成之后，回到家已经凌晨1点。

有一次由于过度劳累还饿着肚子，晕倒在歌舞伎町的澡堂旁，被当作来历不明的流浪者送到了公安局，闹出了笑话。

"这幽暗、没有尽头的道路如何才能摆脱？"
"我真的能创建公司吗？"心里惴惴不安的同时，经历了人生百味。但是，即使内心不安，也没有过抱怨。因为正在经历不同于正常就业的人生，而且是深入社会，汲取经验。

多亏了这种不顾一切地勇往直前，让我积累了用多少金钱也换不来的经验值。

经历各种挑战，与形形色色的人接触，4份需要努力的工作。即便如此，还是觉得时间不够，经常感叹："一天怎么只有24小时？"

过度工作绝不是值得赞许的事情。但是，为了实现目标，在人生的某一段时期静下心发挥200％的能量去工作或学习，也是宝贵的经历。

我实现了目标，正好在决心创业的10年之后成立了自己的公司。在这10年里，我经历了艰辛、挣扎、痛苦及绝望。也是凭借这些宝贵的经历，我才能拥有自己的公司。

求职受挫的岁月，我苦苦追求希望却又无能为力，虽然绕了远路，但这才是20岁时应该经历的。

"选择适合自己的生存方式"有时会被认为与社会格格不入。不过，只要怀揣想要实现的梦想，没有必要在意他人的眼光。花费自己所有时间，硬着头皮、用尽全力的"一段时期"是必要的。

特别是年轻的时候，即使被人看不起，也要朝着自己的梦想前进。

在地球上一步一脚印走下去，也能遇见许多不同国家的人

趁着年轻经历一下在国外生活的体验，这是我的想法。

置身于与日本完全不同的历史、文化、价值观、民族性之中，能够增加自己的见识。"比起一直待在日本，经历过其他国家的生活能够更清楚地理解日本！"

将眼光投向海外，我才能发现自己前行的道路。

大学毕业后没有公司要我，就业之路走不通的我幸而得到作家三浦朱门、曾野绫子夫妇的帮助，让我给他们整理口述稿件赚点钱。有一天，他们告诉我"纽约世博会"即将举行，正在招募接待人员，于是我决定去纽约。离开日本的时候，夫妇两人给了我这

样的离别赠言：

"在地球上一步一脚印走下去，也能遇见许多不同国家的人。这种经历将在10年后助你成长！"

在纽约是完全不同的一番景象，是在日本无法体会到的独一无二的一段时光。在美国遇到一位女企业家时得知了"电话聊天服务"，给了我创建"电话商务"公司的启示。

如果我能成为大人物，我会去美国诉求："请停止战争！"这是因为不只是日本人会受到伤害，美国人也会受到伤害。我所接触的美国人大都非常有教养，亲和，会毫不吝啬地与我交流人生经验。

之所以喜欢美国，是因为我在美国生活，经历过各种事情，用自己的所有感官体会美国的真实状态。

所以，我认为："如果没有与那个国家的人实际接触，则无法了解其真实状态。"

世博会落幕之后，我走遍法国、德国、英国、意大利等，学习掌握"电话商务"的基础知识。那时的经历为我创业打下了基础，"Dial Service"公司得以成立。当时的日本并不是每家每户都有电话，所以一直留在日本是无法深切体会"电话商务"的。

在国外，"言语不通"是许多人的借口，我也不例外。我毕业于津田塾大学的英文专业，英语还是能够克服的，但对其他语言也是一窍不通。曾在西柏林当侍应谋生，当时甚至不会半句德语。"敢于投身适应于环境中，必将有所成！"即便不懂得这个道理，只需感受一个国家的氛围，收获就颇多。

当然，国外生活并不是事事都顺心。由于文化的差异，争斗、背叛等也有过。遇到不测，说不定还会受伤。但是，包括这些经历在内，都是在熟悉的家乡无法遇到的"宝贵体验"。如果没办法留学，至少去海外旅行，看看这个世界。体验在本国无法接触到的文化、习惯，这也是自我教育的过程，并且能够获得更多"建设更美好国家的原动力"。

"实现自我的基因"将伴随一生

对选择犹豫不决时，迷失自我时，试着寻求自己的真实体验及真实景象如何打动自己的内心，想必会从中找到答案。

我的父亲是长子，家里从事农业及牧业。但是，他排斥继承家产，成了商人。放假的时候，他总会背着自己的宝贝"相机"，牵着我的手，几乎游遍了三重县的山河湖海。

有时候父亲会站在悬崖峭壁上指着远方说："海的对面就是美国。"

我从父亲那里学到了自然的伟大、宇宙的浩瀚和世界的广阔。

我之所以会来到美国及欧洲，是父亲的思想早已植入了我的"基因"之中。

另一方面，我从母亲身上懂得了分享快乐的人的坚强。

战争刚结束，母亲为了让8个人的大家庭吃饱肚子，将自己的衣物和父亲的相机典当，换成救命的米和蔬菜。

每当母亲去典当的日子，我总会在屋子前等着，直到将自行车装得满满当当的母亲归来。而且，还会带来许多我最爱吃的"年糕"。

我异常开心，但母亲让我先等等便从我眼前绕过，再回来时年糕只剩下一半。

饿着肚子的我责怪母亲："你把爸爸心爱的相机换来的年糕弄哪去了？"

后来我知道了，母亲把年糕和豆子分给了战争中丧失男主人的家庭。关于母亲将年糕分给别人的原因，她是这么说的：

"小镇上有许多没见过父亲的奶娃娃，你这么讨厌帮助他们吗？不是自家的孩子就不用管了吗？你是有父有母的人，绝不会饿死。但是，他们的父亲战死了，家庭支柱没了。即便如此，你仍然希望独享年糕吗？"

内心其实明白母亲做的是对的，但当时的我还年幼，什么都没有填饱肚子重要。所以，无法抑制情绪，当即反驳她："我们的家也在战争中烧毁，我们也是穷人，为什么还要分给别人？"

之后也下决心将母亲的生活态度作为反面教材，但最终还是继承了母亲的基因，今天的我同母亲做着同样的事。投资帮助中小企业，或帮助国外的儿童，这些都是母亲的分享生活的态度。

父母以及生长的环境，造就了独一无二的我。

"三岁看到老"，年幼时的经历会被无意识地记忆，经过酝酿之后成为推动自己的"原动力"，而且是一辈子的动力。

　　只要解开这种记忆，试着寻求自己的真实体验及真实景象如何打动自己的内心，想必能够找到推动自己的原动力。

如果真想改变自己，投身于"完全不同的环境"最有效

人是变化的动物，这是我的切身感受。虽说如此，改变沉溺于现状的自己却着实困难。

完全不熟悉的人，完全不熟悉的场所，完全不熟悉的工作。投身于完全不熟悉的环境中，人更容易改变。

我与养子一起生活，他身高180cm，体重130kg。8岁之前在巴西的圣保罗生活，对我来说是意外的存在（在此之前我还有个黎巴嫩的养子）。

这个出生在巴西的儿子给我带来很多惊喜，本不该在我的人生中出现的事情居然接二连三地发生了。

当然，也不都是好事，吵架也是家常便饭。只不

过，儿子内心始终对我是肯定的："她是我人生中出现的神，她助我成长。"

如果没有遇到儿子，或许我依旧过着波澜不惊的生活。被儿子否定，相互争斗，感受到屈辱，或许这些经历都不会有。

但是，另一方面，在此之前我居然没能改变自己。

如果没有接受不同文化、不同年龄的儿子，我会继续"煎熬"着生活，甚至走向隐居。

接受与儿子一起生活，置身于"没有血缘的母子关系"中，才使得我看清了自己如此没有"容人之度"。

这样的经验使我获益良多。教会我能够不顾周围人的偏见和猜忌，让一个与自己没有血缘关系，形同路人的人成为值得我付出亲情的对象。

儿子等令我改变的因素总是不期而遇。

年幼时的我，是个头特大的5头身。短小的身体，配上粗短的双腿，更糟糕的是硕大的肚子，是个比例完全不协调的孩子。于是，大家给我起了个外号叫"丘比娃娃"。完全没有运动神经，不擅长体育。跑、跳、投、打，只能让我表现得更加迟钝笨重，大家总是笑我是臭胖子。

因为头太重，总是容易跌倒。跌入池塘里，翻过栏杆跌入河里，跌入井里，还有从滑梯、阳台、单杠等等跌落。每次都会跌出脑震荡，被母亲抱着送入医院。

那样的我，现如今被称作"运动员"。高尔夫，滑雪，潜水，登山，可以说是上天下海，无所不能。"马拉松高尔夫"更是创造了吉尼斯世界纪录（1994年版1天8.5场5153洞），还成功登顶了美国落基山脉的名山"大提顿"（标高4197米）。我这个"臭胖子"是如何华丽转身成"运动员"的？

即便我想要改变，也并没有努力刻意改变。

高尔夫、潜水都是为了录制节目，不得已而为之。但是，就是置身于这种被动的环境中，我展开了新的人生篇章。

环境不变，自己也不会改变，只有"改变环境"才能改变自己。如果无法主动改变自己，试着从环境中脱离也是一种方法，将会为你展现另一番景象，引导你实现全新的自己。

一份感恩就是明天的成长，一份反省就是内心的进步

放眼全世界，像日本人一样喜欢"占卜"的并不太多，据统计，在日本占卜市场规模约1兆日元。针对20至40岁的男女的调查结果表明，有过占卜的人达到62.6%（女性75.9%，男性51.3%）。

政治家、企业经营者所占比例也不在少数。

由于"对未来感到不安及迷茫"，唯有寄托于占卜。

对我来说，并不太关注占卜、超能力、异能等，但占卜师、异能人士却乐此不疲地接近我。我时而与占卜领域有所接触，还不止一两次。

在回乡的新干线列车上，有人主动与我搭话：

"您是今野由梨女士吧？平常总觉得您气场爆棚，今天怎么没感觉，您怎么了？"当时我确实身体不是太舒服，正准备周末在老家好好休息，偷偷地返乡。

刚开始成为企业家时，我就下定决心："无论情况如何糟糕，也不能在人前表露难色。"虽说如此，当时那位素不相识的人却说中了，或许这也是一种占卜。

只不过，占卜的"真伪"对我来说并不重要。我掌握一种保持精气神的能力，即使身体不舒服，也能很好地隐藏起来。只有"占卜"能够看清这种假象，所以遇到这种被猜中情况肯定是占卜。

有遇到过这样的推荐："今野女士，我知道许多政治家、企业家很信赖的占卜师，也想介绍给您！"但是，我从未向谁占卜过！原因在于自己的事情自己最了解。

只要是人，谁都具有发挥自己力量的能力。只是许多人忘记了这种能力，懒得反思自己的思想及行动。

生病就去医院或吃药，有烦恼就去问占卜师，一味地寻求"外界"帮助解决问题。但是，忘记了最关键、最应该做的事，那就是与自己对话。

我们最亲密，最应该交流的人就是自己。

试着与自己的内心交流，"为什么是这样的

结果？""为什么在这里？""自己想要做什么？""对自己来说现在什么最重要？"每天只需要5分钟，抽出时间与自己对话。日积月累，就能建立强大的自信心。

比如，将睡觉前5分钟作为"放松心灵的时间"如何？回想一天遇到的事情或遇到的人，并诚心感谢。或诚心道歉。一份感谢就是明天的成长，一份反省就是内心的进步。

越是没有自信的人，越是相信占卜。但是，将占卜作为参考，也是一种自信的表现。

自己的意识或思维尚不清楚时，容易被占卜师的鉴定所迷惑。

情绪不应受外界影响，与其找占卜师，不如积极与自己对话，哪一个更为重要？日久见分晓。

应该相信自己，而不是占卜。

第三章

亲子关系必不可少

孩子在跌倒中茁壮成长

童年时期充满好奇心的我运动神经不发达，却有着什么都想尝试的性格。

必然的结果就是"受伤"不断，头、脸、手、脚至今还留有许多当时的伤痕，当然也是我的"战果"（勋章）。简直是伤痕累累的人生，但我出生在那样的年代，已经建立起内心和身体不被外界动摇的强大基础。

正是那样走投无路的时代，"童年时期的经验量"成为滋养一生的内心能量。

那个时代的大多数人并不富裕，也没有当今丰富多彩的文娱生活。但是，家人或朋友之间关系很融洽。那个时代的自然环境和社会环境培养出我们坚韧不拔的力量。

看到如今丝毫不会有受伤机会的孩子们，感到心痛的难道只有我？童年时期的伤痕是痛快玩耍，是尝试各种挑战的勋章。但是，现在的孩子在玩耍时发生的轻微的擦伤，许多家长也会大惊小怪。

小时候我经常坐在母亲摇晃的自行车后面，有一次受了很严重的伤。左脚被卷进车轮中，脚踝的肉被挖掉一块。当时连骨头都露出来了，极其疼痛，晕了过去。以至于我现在看到鸡腿肉，还能想起那时的切身感受。

不过，母亲比我更痛苦，一直责备自己。我也看出了母亲的心情，所以故意装作不痛。有亲戚来探望时，我边灵活地晃动着腿边说："一点也不痛，小意思！"母亲见状，更是痛哭流涕。

我通常是没头没脑的乐观主义者，经常被人说："状况这么严重，还能吃得下去！"所以，悲观看待事物的情况较少。

担心已经发生的或害怕尚未发生的，将无法继续前行。最苛刻的磨炼就是即使痛苦总是降临在自己身上，但仍然能够克服不良情绪，使痛苦经历成为人生动力。

正因为童年时期的"痛苦""艰辛"的经历，在以后人生中发生重大变故时，才有自信说："以前无论如何都挺过来了，这次也没有问题。"

当然，并不是说要让孩子任意受伤。只不过，我自己是这样坚信的，即便身体留下伤痕，对之后的人生也没有任何影响。满身是伤的我，临近80岁了还很健康。

并没有人生下来就是强者，也没有不受伤害的人生。某时某刻某地，因为某事而被绊倒，身心会受到伤害。接着，在哪跌倒就在哪站起来。不断跌倒后站起来，建立自信的基础，使自己慢慢变得强大。

面对孩子，我们有时会表现出紧张和担心。但是，父母不应该过度干涉孩子。

现在的孩子通过网络及电视间接体验社会，或通过游戏虚拟体验的机会越来越多。但是，通过身体的体验，也就是与人、物或现实社会的直接体验非常少。

建立生存力量的基础，就是积累"与自然、社会实际接触的经验"。

为此，不能剥夺孩子"直接体验的机会"。

父母从孩子身上汲取"失败"教训

人的内心想法会因为所接触到的事物而改变。工作或求学，尝试接触更多事物，改变人的心理，这才是最本真的教育方式。

但是，现在的家长和老师尽可能地避免孩子与社会过多接触，剥夺了孩子许多接触事物的机会。美其名曰"担心"或"为了孩子好"，无形中夺走了孩子最珍贵的体验。

我是个假小子，上小学的时候就经常和男孩打架。看到妹妹被欺负，哭着跑回家时，我会立刻飞奔出去，对弄哭妹妹的人又是咬又是挠。

后来同学聚会时，有人笑着说："这伤口可是今野咬的啊！"接着，又有人大笑说："我这也是今野挠伤的，一辈子无法磨灭的回忆啊！"在大家的欢声笑语中，一个个展示着伤疤。童年时期的伤痕是一辈子无法磨灭的"勋章"，同时也是一种"羁绊"。

当时的孩子有自己的"志气"，被人欺负或欺负别人了，绝不能告诉大人，这是相互之间定下来的"准则"。

我掉进河里溺水时，掉到悬崖时，掉进井里时，大家都会来帮我，而且替我保密，不会告诉大人。如果被家长或老师知道了，我会很生气。孩子们相互庇护，相互帮助，不告诉大人，积累"经验值"的同时，增进了关系，加强了亲近感。

曾经的孩子们自行形成准则，并遵守这种准则，培养伙伴意识及信任感。之后，那些孩子们长大成人，借助积累的经验值，创造"地区社会"。

　　经济飞速发展时期，左邻右舍之间友好互助的关系可以解释为童年时代相互理解及协作意识的延续。即便如此，当今的家长们却剥夺了孩子们的"社会准则"，抹杀了积累经验值的机会。

　　"家长一手包办"更符合当今时代的潮流，所以学校也成为"危险之源"（霸凌现象）。任何事情不让孩子自己承担，不追究"责任"。同时，感觉存在一点危险就放弃，必将无法积累任何宝贵经验。

人从出生那一刻起就在不断挑战"目前自己做不到的事情"，只有这样才能成长。在挑战的过程中，内心及身体也在重复"受伤及愈合"。

从大人的角度考虑，也有很多并不存在危险的情况。但是，即便如此，大人们也会提供"过多的帮助"，这样会埋没孩子的自立心和好奇心。

孩子以后必将会离开父母身边，努力去经营自己的人生。所以，父母不能随意剥夺孩子失败的机会。只有经历不断的失败，才能赢来成功。父母战胜困难的经验才是应该给予孩子的最重要的东西。

何为帮助孩子成长？就是不过多干涉，用爱守护，让孩子经历更多失败。所以，静静地等待着孩子自己成长。

"那个很危险。""那个容易受伤。""那个耽误学习。"父母总有这样或那样的担心，这个情有可原。但是，父母或老师过多的预见性引导，或限制太多，则无法培养出能够独立思考及行动的孩子。

"不插手，用心交流的姿态"，才能促使孩子更加独立。

彼此幸福的"积极的离婚"方式

我结过婚，前夫今野勉是日本首位获得"意大利奖"（电视界的奥斯卡金像奖）的著名导演。我与他谈论的任何话题都充满感性，他的每一句话都能深入我心。二十多岁的时候，他的才华就已经得到认可，而当时的我却是个一团糟的人。即便如此，他依然那么温柔，给我一种"这辈子只愿嫁他一人"的感觉。

决定结婚后，我立刻踏上了去德国的旅途，突如其来的"两地分居"。于是，结婚申请登记的复印件随之被寄送到柏林。

在前夫的公司，我是个名声不好的"坏妻子"。为了自己的事业，一个劲地花着他的钱。即使是个"坏妻子"，那也是不得已的。婚姻关系的继续，完全依靠他的"仁德"。

　　但是，这样的婚姻生活最终没有修得正果。某天晚上，他带着随身物品，独自离开了家。

　　在与他的婚姻生活中，我并没有成为一位好妻子。心里明白这样下去会给对方带来痛苦，却又不舍得结束。所以，他决定离婚，也是他对我温柔的表现。我们祝愿彼此幸福，最终结局就是"离婚"。从夫妻关系中解放出来，我与前夫的关系变得更融洽。正因为"离婚"，我们对彼此有了更多"敬意"。

　　"由于同丈夫关系不和，所以考虑离婚。但是，经济不独立，没有勇气断然离婚。"在日本，这样的女性不在少数。如果没有充分考虑好离婚后的生活，绝不会断然离婚。一旦离婚，必将要面临经济独立。

一方面是晚婚的时代背景，另一方面是不敢踏入婚姻的人对结婚感到恐慌。"不想婚姻失败"的意识增强，婚姻选择更加慎重。

结婚，仍然还需要一点"形势所逼"。实际上，根据某项调查，针对"结婚是否是形势所逼？"的提问，选择"是"的人居然有"68.8%"。"形势所逼而结婚，会不会更容易离婚。"这种担心可以理解，但失败一两次也关系不大！

我对自己的儿子是这么说的："允许你最多结三

次婚。当然，你要对婚姻负责，不能有出轨行为。只要是你认真选择的结婚对象，婚后你就要善待她，即便离婚，也可以好聚好散。"

在我父母那个时代，"结婚就是一辈子"已成为传统。但是，当今时代人们有了更多选择，一辈子未必守着一个人。总是过多地衡量一个人是否适合成为你的伴侣，着急结婚，或想要花点时间找更好的，或许一辈子也无法步入婚姻。婚姻幸福的关键在于日后的努力经营。

如果要离婚，也要像我这样积极的离婚。结局同样是分离，却彼此尊重各自的才华。这时，说不定"离婚"是最佳选择。

只要孩子挂念自己，父母就能满足

当自己有了孩子后，就能理解父母的心情。确实如此，即便只有养子或被称作"创业之母"的我，也能体会到母亲的伟大。

创业者在成长，羽翼丰满之后能够为后来者做好榜样，这样我就满足了。这种心情，同做母亲的心情如出一辙。

小时候，我并不懂得抑制情感或消化不满情绪，总是以理算当然的口吻要求母亲。

被父母惹怒，生气的情形不少见。曾有过这样的反抗："我又没让你们生我！"现在看来，这句话太伤人，是在质疑母亲对自己的爱。

父母对孩子严厉，这也是爱之深的体现。当父母斥责孩子时，也是真正在爱自己的孩子。

"笨蛋""乳臭未干"，这些话我对自己的儿子或创业者们都说过。如果对一个人没有情感，也不会对他生气。

他们也会恶言反击，但不论是我还是他们，内心深处仍然保留着"暖暖爱意"。父母与孩子的关系不过如此。

越成熟，越懂得父母的重要。但是，早已远离父母身边，想要孝敬父母，却又不知道做什么好。想要感谢养育之恩，却又难以启齿。

一方面想要感谢父母的养育之恩，另一方面又羞于表达，或以太忙为借口，总是难以尽孝道的情况并不少见。

只不过，父母不可能陪伴自己一辈子。

有时间苦恼做什么才能让父母开心，不如立即行动，做什么都好过不做。

送一束花，让他们看看孙子，打个电话，送个礼物或写封信。只要能想到的，只要自己能做到的，不要犹豫，去做。"今天想起以前一件事……""想问问您老最近身体如何……"一个简单的电话问候，也能让父母喜出望外。

无论父母是否年老，保持对父母的"依赖感"也是尽孝道的方式之一。比方说，为了自己的孩子，拜托母亲织衣服或缝制衣服等。让父母的手、脑及心全部运动起来，还能帮助父母延缓衰老。

　　使两代人的关系更紧密融洽，继承经验、知识、技巧。牢牢记住，这将是许多人会面临的重大课题。

　　生日或母亲节，给父母一份意外的礼物，必将成为他们一生难忘的美好记忆。"感谢你们养育我！""真心感谢能成为你们的孩子！"即便不是特别珍贵的礼物，一句话也能成为父母最宝贵的记忆，是他们生存的动力。

父亲的谆谆教诲

人有自由生存的权利，但不能只考虑自己目光所及范围。所谓的自由行为，也应该以"考虑别人的感受"为前提。

童年时期的我盲目坚持自己是正确的，会在无意中伤害到别人。毕竟，"自信"和"任性"应区分开来。

在通过做饭、洗衣、清洁、缝纫等家务表现"女性特质"的时代，我一项家务也不擅长。

我家六个姐妹，我排行老二。从小觉得自己与其他擅长家务的姐妹不同，自己总想着长大以后去外面工作。所以，没有觉得不擅长家务是个问题。

从不做作业，但在学校的成绩总是拔尖。而且，一直是班长，也是学习委员。

但是，有时会气哭家政课的老师。

缝制和服时，我没有带任何教材，作业也不写。上课时装聋作哑，看着完全无关的书。

对于糊弄家政课的我，先生给了"3分"的成绩。于是，在教职员会议中被其他老师质问："其他学科全部是4分，为什么只有家政课得了3分？您是不是故意欺负这个学生？"

老师让母亲来学校，叹气道："完全无视老师的存在，让人忍无可忍。"最后，老师带着哭腔拜托道："交一件和服，明天期末考试给个好分数，这样就能得到5分了！"

我向朋友借来笔记并做上标记，母亲熬夜为我缝好了和服。没想到居然获得满分，真的给了我5分。但是，我一点也不开心。决心投身职场的我，认为缝纫之类的家务不擅长也不丢人。

之后，父亲或母亲也会指责我，即便如此我也不接受，并反驳道：

"如果打算做专职主妇，最好会缝制和服。可是，我一点也不想成为主妇。我要有自己的工作，不用自己缝制和服，而是成为用自己的钱买和服的人。如果没有人买和服，缝制和服的人也无法生存。"

于是，父亲这样教导我："做自己擅长的事情，并以此生存下去，这是值得尊重的。坚持自己的想法也没有错。但是，因此而让别人伤心流泪，欺负人，给别人造成麻烦，这就是大错特错。如果想按照自己喜欢的方式生存，更应该关注周围的人或事物。"

坚持自己的想法，这并没有错。但是，父亲让我懂得："不能为了坚持自我而对别人造成巨大伤害。"

如果忘记对别人的包容，也就没有信念可谈，也绝不可能为社会做出贡献。

第四章

健康和紧张

烦恼不能藏在心里，要在"与人交谈"中释然

刚过50岁，意想不到的事就发生了。

某天早晨，眼睛睁开准备起身，却直接倒在地板上了。身体无力，想站起来却力不从心。镜子中的自己，显然一副"老太婆"的模样。瘫在地板上的我没有了霸气和活力，十分凄惨。

那时的我由于操劳各种公事和私事，经常直面各种让人撕心裂肺的情况。父亲离世，与丈夫离婚，陪伴我25年的爱猫离我而去，还有与客户的合作接二连三告吹，重要的员工离职，纽约分公司的诉讼纠纷等等。

我将明治时代的政治家田中正造先生的"步入辛酸佳境"视为座右铭牢记于心，相信"磨炼是老天爷

给我的礼物"。

所以，直至今日，无论遇到任何艰难险阻，都能够克服困难，勇往直前。至少我是这么认为的，也是这么坚持的。

但是，这也可能是我的盲目自信。

承受着多种繁重的压力，我的身体发出了"警告"。第一次让我懂得了："我也是有极限的。" 无知无畏或淡定自若的我，其实只是个普通肉身的人而已。

对于失去所有，独自身处世界的我，是松木康夫和斋藤茂太两位名医给了我勇气。

松木医生治愈了几乎让我殒身丧命的消极思想。他时不时拍着我的脸颊说："你可是今野由梨，有很多人仰仗你的光芒生存。这点你可不要忘了！"时不时这样说："今后你还会从最低谷爬上去，重新步入正轨！"我们两人一起哭着说着。

而斋藤医生听完我的诉说之后，只会"啊哈哈""哇哈哈"豪爽大笑，不对我进行任何诊断或治疗，还经常和我一起边喝红酒边聊天。他用这样的方式逐渐将我冰冻的内心融化开来。

如果没有这两位医生的帮助，毫无疑问，我必将崩溃。

也是从那时，我明白了什么才是真正的医生，什么才是真正的治疗。

身负必须使公司持续发展的经营者没有诉说的对象，也没有放声哭泣的自由，所有压力都堵在我的心里。心堵久了就会生病，我现在会有意识地去避免内心的自我封闭，避免给自己枷锁。

如今的我并不孤独。我摒弃了焦虑、慌张的心态，并且，有许多善良的人辅佐我前行。

很多经验表明，有了烦恼并不可怕，与人谈心就

能让自己轻松释怀。与朋友或亲人交谈，是缓解压力
的有效方法。

　　将内心充满的苦楚、不安、不满、疑问等转换为
言语，向某个人诉说。不能将烦恼堵在心里。与人交
谈就能得救，获得相互认同，放下心中的负担。正因
如此，能够结交到无所不谈的朋友，将是人生不可多
得的"财富"。

"谢谢"是有魔力的语言

多亏了松木康夫医生和斋藤茂太医生，我才能从泥沼里爬出来，从打算放弃人生的最差状态中摆脱出来。虽说如此，我身体的痊愈还需要很长时间。

即便能够在外人面前装扮成"神采奕奕的企业家"，一旦回到家里就像断了线的提线木偶般瘫倒。在家里挂着拐杖走动，趴着上下楼梯。这种状态，持续了一段时间。

某一天，在北海道伊达市生活的朋友意外邀请我去玩。朋友想到已经很久没有欣赏北海道风光的我，给我打来电话说："来一场马拉松高尔夫好吗？"

马拉松高尔夫就是一天之内打满全洞，记录能够打多少场！在家里没有拐杖就不能行走的我，有可能完成这样的高尔夫吗？

但是，带着抓住救命稻草的心情，我立即动身飞往北海道。我不能辜负朋友的期待。

凌晨三点半，我的挑战开始了。一开始还是皓月当空，在不知不觉的运动过程中，硕大的太阳已经从地平线升起。

追着球跑，球轻松进洞后眼中闪烁着如同钻石般的光芒。眼睛凝视前方，呈现出成百上千的蜘蛛"编织而成的小而美的世界"。遍布蜘蛛的巢穴周围留下无数朝露，闪烁着太阳给予的光芒。精美绝伦的自然之美，饱满的生命活力。令我感动流泪，令我五体投地。

对于这些蜘蛛来说，或许没人关注，没人赞美，更没有人在意。即便如此，它们还是在短暂的生命中拼尽全力。可是，我这样蒙受自然恩惠的人类却在颓废人生，折腾着生存。

这时，我豁然开朗，我的病是缺少"感恩之心"。

走到今天，总是有人帮助我、支持我，可我却逐渐习以为常。对于分离或背叛，纠结，自责，"为什么会有这样的遭遇？"总是满腹怨恨。

也对帮助我的人说过"谢谢"，只是这样的感谢越来越少。

心结解开之后，看似无法承受的痛楚烟消云散。

遇到不顺心时，或者痛心自责时，将那些心情统统转换为感恩之心去生活。

斋藤茂太医生的著作《美好语言造就美好人生》（成美文库）中是这样写的："多说谢谢，压力自然减少。"而且，我是有真心体会的。并且，依据对全国1000名男女（10岁至50岁）进行的调查，说"谢谢"越多的人，精神面貌越是饱满，越是懂得排解压力，充满幸福感。（在调查中，每天说20次以上"谢谢"的人占36.6%，这些人感觉每天时间过得很快，活得很充实。与此相对，完全不说"谢谢"的人占40.5%，感觉时间过得很慢，一整周都很焦虑。）

"谢谢"是充满魔法的语言，"谢谢"是身体的"维生素"。

"艰辛""痛苦""焦虑""愤怒""空虚"等消极情绪出现时，赶紧说一句"谢谢"。无论发生任何事情，只需一句"谢谢"，就能带着感恩之心克服种种困难。

你所走过的路，都是必经之路

机会往往戴着"风险面具"

巨大的转机或机遇，有时也会伴随着"霉运""不幸""逆境""考验"。逆境也好，考验也好，处于漩涡中心时极其痛苦。但是，战胜这些障碍时，眼前将会赢来崭新的世界。以我亲身经历证明，"在逆境中磨炼出的力量将在日后成为巨大能量。"

二战之后，陷入PTSD（创伤后应激障碍）的我忘记了"笑容"，忘记了"温柔"。对于战争，那时幼小的我并不理解。所以，我变得暴戾。对谁都是一样的态度，甚至把眼前人当作敌人。

之后，我终于清醒了。将"不饶恕大人""不饶恕战争！"等童年时期的愤怒完全转换为正能量，"创造和平友好的社会！使全人类更幸福！"

即使有人背后说我是"无知妇孺""怪胎",我仍然毫不畏缩,心中充满巨大能量。心中对战争的不合理情绪得以释怀,这些也成为我生命能量的源泉。

根据厚生劳动省（日本劳动保障部门）2014年3月发布的调查结果,东日本大地震中受灾儿童中,3成出现了PTSD（创伤后应激障碍）症状。

曾经站在死亡边缘的我,能够理解孩子们慌乱的内心。这是令人同情的,但只有同情是无法拯救孩子们的。

所以,我对孩子们这么说:"机会总是露出危险的狰狞面孔!""悲伤在很长一段时间内无法治愈,但在你们长大之后，为社会或人类做出贡献时，这些经历会转化为你们的智慧及能量。"

支持我创业的松下幸之助先生的著作《开拓你的路》（松下幸之助是PHP研究所创始人）中有这么一句："无论顺境还是逆境，关键是在所处境遇中老老实实活着。"确实如此，坦诚面对命运或发生的事情，或许自己的价值或使命会逐渐浮现。我认为，任何事情都值得经历。我并不信仰特定的宗教，我仍然相信自己拥有经历各种事情的命运。

我亲身经历之后，再加上受到别人深刻的教诲，这就是"人生的珍贵"。给予我许多逆境，这才让我懂得："无论有什么理由，都不能伤害别人的生命。"

身处逆境之中，内心当然几近崩溃。腿脚哆嗦，几乎无法站立。即便知道痛苦会过去，仍然深陷绝望之中。但是，无论如何也要在痛苦中继续前行。痛苦、辛酸或绝望也好，坚信会有明天，没有明天还有后天。"黎明必将到来"！

　　人跨越痛苦时，才能发现"真实的自己"。所以，无论现在经历任何痛苦，也要相信还有未来，坚强生存下去。不逃避磨炼，能够克服困难的人才能把握住机会。卷着尾巴逃跑的人，永远无法改变自己。

　　逆境才是育人的"海洋"。

不要蓬头垢面地工作

我的前夫今野勉（电视编导）已经离开人世。在我创业开公司时，曾遇到许多次危机情况。但是，无论我怎么花他的钱继续我的事业，他也不会追究。"钱都用到哪里去了？""那些钱呢？"这些责问的话他从未说过。总是淡然自若，默默地守护着我为事业艰苦奋斗的日日夜夜。就是这样的丈夫，我只记得他对我说："看你头发都乱了，还是把工作先放下吧！"

当时的我头发凌乱，眼睛浮肿，不修边幅地为事业奔波。只是有一次，我忘了穿裙子就跑到街上，看到商店橱窗中自己的形象，不禁身体僵住了。

前夫也曾这样评价我："真不知道你是男人还是女人，为了工作把自己弄成这副模样值得吗？"

创业之初，拜访客户时对一位代理人的打扮感到惊奇。这位本应是"女性"，却穿着西服打着领带，发型是三七分，穿着男士皮鞋。没错，她简直就是在女扮男装。

当然，她并没有装扮男人的癖好。事实是，在这个对女性偏见严重的社会，只有这样的装扮才能立足。"如果不改变自己，女性无法走向社会。"

融入男性主流社会，直面孤独无助的工作环境，她曾感到恐慌。如果打扮得女人味十足，就无法闯社会。所以，她选择了舍弃女性特质。

对她来说，女性特质是她融入男性社会的障碍。

但是，声音是无法隐藏的，一说话就是柔美的女性声音。即使有能力，也不得不一副男性装扮，这让我心痛。虽然没有刻意穿男装，却失去女人味的我与她们半斤八两。

前夫曾经给我发过这样的信息："并不是与男性竞争。而是凭借女性特有的思想，利用自己的感性去工作。"

自此之后，我也开始裹上丝巾等，更加注重表现自己女性柔美的一面。在女性长筒袜通常为米色的年代，我大胆选择了"黑丝"。我觉得灰色或黑色的套装及鞋子，配上黑色的丝袜会比米色好得多。经常也有同性抱怨这样的行为是将女性当作商品，但我决心誓不回头。

如果之后我为了融入男性社会，穿上男装，或许自己的企业也会像他们的企业一样落入俗套。

外在的装扮能够体现一个人的内心。改变外在，自己的心情也会有所变化。并且，你的心情也能改变别人的心情。

不需要融入男性，也不需要击败他们。只需了解自己，塑造自己，用自己的感恩之心为社会做出贡献。无论是言谈举止，还是外表装扮，只要能够表现出自己的美感，就是职业女性的"素养"。

老当益壮！老龄人群是宝贵"财产"

超过60岁，有的人更加容光焕发，有的人逐渐丧失魅力。有的人无论年龄多大都会保持自己的风格，有的人在家庭和社会中都失去了自己存在的价值。

产生这样极端不同的结果，或许就在于"是否认为自己有价值"。

我的母亲95岁高龄时还会照顾周围的人，大家都喜欢她，也羡慕她。虽然体力衰减，记忆也时常混乱，但是依然灿烂的笑容和爽朗的笑声是大家积极向前的力量。这样的母亲，也是我的骄傲。

与年龄无关，发现自我价值和责任的人为实现人生意义而生存。发现自我价值的人，即便体力不支，也会保持旺盛的精力。

老了之后远离社会活动，拿着退休金或依靠家人照顾，这种想法已经不适用于当今时代。

如今70岁左右的人，在智力、精力、体力方面都是前人不可相比的。拥有体力、人脉、专业知识和熟练的技术的老年人是社会的"财富"，有很多社会价值。

"年轻时付出了高额的税金，年老了就要花着国家的钱享受享受！"目前，大多数人都是这么认为的。其原因是国家、企业及个人的意识无法摆脱固有的束缚。

国家或企业应该改变对老年人的态度，改善制度，为老年人提供再创辉煌的舞台。

　　道路清洁或公园绿化等工作，国家不必花钱雇人来做，应该借助周围居住的老年人的力量，分区进行管理。我在新西兰的时候，看到街道非常整洁优美。究其原因，是因为当地举办的环境美化竞赛，是老年人带头组织的。

　　这样一来，多出来的税金还能用于儿童教育。对社会有价值，孩子们开心，孩子们的父母也会感谢，愿意继续工作的老年人自然不在少数。

　　年龄的增长也是件值得高兴的事情。我即将步入

80岁，依然充满工作欲望。创建公司已经历近半个世纪，这只是预备工作，接下来才是我工作的核心。

如果想开始做点什么，一切都来得及。60岁也好，70岁也好，甚至80岁，我们诞生在这个世界，必须完成的任务还有很多。

但是，为了改变国家及企业的意识，首先必须改变老年人自身的意识。企业、家庭、地区、社会应该积极动员，实现老年人意识的转变。

想要改变周围人的想法，首先必须改变自己。如果总是将"老了"挂在嘴边，那就已经失去了准备工作的心态。正因为年龄的增长，才有了不可替代的作用，年龄并不是借口。

逐渐失去活力的日本，能够再次创造辉煌的关键便是发现"老年人的作用"。

从现在开始，老年人应该团结一致，重新投入社会，为了国家和社会，也为了后代们的未来付出自己的力量。

第五章

工作和劳动的方式

工作就是获得"感谢"

我在22岁时决定10年后创业，所以去了美国及欧洲，31岁又回到日本。距离创建公司的期限还有1年，正在思考今后如何是好。某一天，一位企业家前辈这样对我说："实际体验一下赚钱是怎样的感受。试着销售最难卖的商品，亲身体验其中的艰辛。想要成为人上人，这是必经之路。"于是，我毅然决然地做了3个月的销售员。当时，我甚至做过在农村推销《英文版百科全书》的工作，这本书售价可是高达36万日元，少有人问津。

那段时间，我坐着小巴车来到一片素不相识的土地，田地周围零星散落着几处农户，我逐个敲着各户的门。被野狗追逐，掉到田埂中，甚至被农户怀疑，对我恶语相向："开什么玩笑！36万日元的英语书？滚蛋！"

即使感到委屈，我也不忘保持热情，真诚对待每个人，有时也会收获温暖和感动。其中，有一个让我难以忘怀：一对农家老夫妇热心对待我的推销，并以孙子长大后作为礼物等理由，决定买一套。

但是，我一方面是感谢，另一方面是感到羞愧。虽说是为了孙子，但是让连ＡＢＣ字母都分不清的老夫妇花36万日元买本百科全书。对于这对老夫妇的善良，我表示敬意。

此后，夫妇两人每年都会给我寄贺年卡片，告诉我"孙子上中学了""孙子上高中了"等等。"感谢您推销的好书。""托您的福，孙子能够健康成长。十分感谢。"

从这对老夫妇的"谢谢"之中，让我懂得许多。即使商品本身没有直接用途，只要客户满意也是销售方法之一。并且，一个人行动起来能带动更多人开心，自己也能得到成长。比起推销商品或服务，理解客户的心情及感情更为重要。

　　发现工作中的乐趣之后，推销过程的艰辛也会随之消除。公司每周都要淘汰业绩不好的销售员，这让我感到工作环境的残酷，即便如此我还是每周销售3套以上，始终保持最高销售纪录。通过销售体验，我也逐渐发现工作当中宝贵的经验。"经营公司并创造利益，每月按时给员工们发放工资。做着能够使人快乐的工作，同时肩负着公司持续发展的责任。"让我体验销售的前辈，原来是想让我明白这个道理。

所谓工作就是让人开心，对社会承担责任。换而言之，除了在现实中与客户交流之外，还要加强彼此内心的交流。我们应该做到即使不能赚到许多钱，也要获得许多"谢谢"。仅仅这样还不够，我们要做的还有很多！

　　　　　　你所走过的路，都是必经之路

坚守"为社会，为人类"的信条

拼命生存下去，就会有人出其不意地伸出援手。能够与许多优秀的人生导师相遇，我很感恩。严格却又充满关爱指导我的各位，给我介绍工作的各位，甚至问我"有没有吃饭？"的各位，我都感恩。

"你是不是做过头了？""你就是歪理一大堆！""你一点也不招人喜欢！""你这个笨蛋！""你还笑，弄成这样还笑？"尊敬的前辈们会指责我，也会坚持对我公正评价，支持我。

松下幸之助（松下电器创始人）、本田宗一郎（本田公司创始人）、井深大（索尼创始人之一）、丰田章一郎（丰田公司原董事长）、堤清二（西武集团原代表董事）等赫赫有名的企业家向我伸出援手，这是为什么？重新思考后发现，那是因为我不断发出"信号"。

"婴儿110"启动之后获得巨大反响，电话被打爆。但是，最终还是输给当时的社会环境。原因是当时尚未有针对电话服务如何收税的立法，所以电话服务所得利润不被承认。

我积极寻找肯为我出资的赞助商，可走遍十多家企业，没有一家给我答复。当时，电视广告（CM）是主流，谁也无法理解电话服务的优势。即便如此，我仍然每天不厌其烦地游说："听众数量无法与电视观众比拟。但是，相比电视，电话交流能够更深地触及人的内心。最关键的并不是人的数量，而是走进人的内心，电话服务更像是私人订制的一对一服务。"我们只是想帮助有烦恼的人，这有错吗？

　　沉默等待无法获得帮助。如果想要找到赞助商和合作伙伴，必须自己"发出信号""不断游说""东奔西走"。即使耗费时间，即使不会立竿见影，即使被权力阻挡，也要坚持告诉别人自己的志向。只有这样，才能找到志趣相投的人。之后，"婴儿110"逐渐得到很多企业的赞助，经营也走向正轨，"电话聊天服务"这种商业模式得以在日本扎根。

　　志向应该是为了别人，而不是只关注自己的利害。我想利用电话这种工具，为了社会、人类、国家及崭新的未来造福。不是为了自己的任意妄为，也不是为了赚钱。而是为了减少人们的不安、不满及不便，电话就是最好、最强有效的工具。

我所发出的信号就是那个时代的人的心声。从全国各地传来的劳动妇女、孩子、老人的痛苦心声。

我们只是传递了人们的心声，让他们在痛苦时也不能失去活下去的欲望。能够实现这个目标，正是因为我拥有怀揣伟大志向的出色员工，他们努力为社会、人类、国家及崭新的未来做出贡献。

如果你怀揣志向，并且这种志向是为了让别人更幸福美满，那么请继续努力发出信号。

这么一来，能够正确评价你的人就会成为你真正的朋友。自己不放弃，并不断发出信号，你的思想或生存方式必将被更多人接受。

好主意源于对他人的"爱"

专业知识并不能给我带来好想法，"对他人深深的爱意"才是我的动力之源。任何技术、任何服务、任何商业活动的目的都是为了世界、人类及国家。只要能够理解这一点，好想法自然源源不断。

企业家是能够预想到别人无法想到的人。不满足于现状，预见新技术、新服务、新模式，并努力将其实现的人。

我并没有擅长的专业领域，所以才能拥有摆脱专业领域壁垒的想象力。

以前与创业者交谈时，经常遇到这种情况："我在这个领域付出这么多努力都没有想到的好主意，为什么今野女士可以信手拈来？"

不拘泥于形式，发现好主意并不局限于现有的常识。应该从"为了谁"和"为了什么"的立场出发，分析事物。

小学一年级时，我在本市举办的"发明竞赛"中获得一等奖。我发明的东西叫作"精米器"，将母亲的化妆品瓶子及一次性筷子等收集组装而成的作品。记忆中，身材矮小、背部隆起的祖母每天都会将一家人食用的黑米放入一升的瓶子内，并用全身的力气将米压实。我就是念着这份祖孙回忆，不想祖母这么费劲才创造出这个作品。

没想到这个精米器能够获得小学一年级组的一等奖，并存放于母校正门的大玻璃柜内。

但是，毕竟是小学一年级学生的手工作品，粗糙得不忍直视，我之后再也没有从那个玻璃柜前经过。当时正值战争最紧迫的时候，高年级学生都制作了对国家有用的作品。但是，只有我，为了一个人，为了我最喜欢的祖母去发明创造作品。当时，我对此事也有羞耻感。但是，"为了解决别人的不安和不便"当时已成为我心中的信仰。

发现好主意，最终还是凭借"爱"。"为了解决别人的不安和不便"的深深的爱，才是好主意的源泉。

而且，经营也需要"爱"。我的公司弘扬"May I help you？"的精神，通过创新商务活动，为世界、人类及国家奉献出爱。

自己选择的道路，自己负责

　　自己的人生中，曾有几次被迫选择的情况。那种情况下，不能交由别人决定。一味服从父母、老师、环境、法律、常识习惯，是活得像别人的人生。与其按照既定路线走，不如我行我素地生存。所以，最后的"决定"是自己的权利。

　　很久以前，我就开始支持"女性投身于职场"。在无论做学问还是工作都被视为"男性特权"的时代，正处于直面创业挑战时期的我能够理解"女性的感性"可以使社会更加丰富。只要给女性更多机会，即便面临严峻情况，也能为社会做出更多贡献。智利首位女总统米歇尔·巴切莱特，身为联合国妇女署执行主任在2011年3月强烈呼吁："女性的坚强、勤勉、智慧是人类最大的未开发资源。"我也同意她的看法。狭窄闭锁的门户逐渐敞开，在第一线工作的女性数量在增加。今后，女性的创业能力必将获得更大提高。但是，我并不推崇所有女性都走向社会工作，也不推崇成为职业女性后打击和嘲笑非职业女性。

我的目标是创造这样的社会：无论男女都能自由选择自己的生存方式。

我的朋友A女士是一位家庭主妇，她给人一种感觉："没有人比她更适合做家庭主妇了！"让人觉得："这个人即使脱胎换骨之后，也必须成为家庭主妇，她肩负着向世人展现什么才是出色的主妇、出色的母亲的使命。"她并不是难以就业才不得已做了家庭主妇，也不是因为等到合适的人可以安稳生活，于是把自己的幸福交由别人。而是凭借自己的信念选择成为家庭主妇，非常适合自己的光彩生活。

B夫妻正好颠倒，妻子负责赚钱，丈夫负责主内（家务、育儿等）。丈夫笑着说："家里收入百分之七十是老婆赚的！"他并没感到自己窝囊，也没有感到愧疚。所以，他并不是不得已选择做家务，而是自己主动承担的。

对于这位丈夫来说，能够最大化发挥自己能力的选择就是做家务，对于妻子来说能够最大化发挥自己能力的选择就是工作。这对夫妇并不在意外人的看法，彼此将自己的责任作为天职，幸福地生活。并不以别人的标准生存，而是自己选择适合自己的生存方式。

在有多个选项时，如果出现艰难的选项，那么就选择那个选项。轻松的，谁都能做的，我基本不考虑。究其原因，是因为经验告诉我，在艰难道路中自己得到更多，全新的世界会出现在眼前。

自己的人生自己决定。并且，决定后，决不能将责任转嫁他人。自己负责，继续前行，即使选择是错的，这种错误也是一种经验。相反，如果将自己的命运交由别人，失败了肯定会怪罪别人。因此，自己的生存方式自己选择，勇敢向前。

不断"变化"，人才能成长

"变化"就是机遇，"变化"能够使人强大。变化并不恐怖，变化是有趣的。变化，刚开始可能感到不适应。但是，比起停滞不前，变化能让人产生畅快淋漓的刺激感觉。所以，尽情享受自己的变化。以变化作为参照，发现最原始、最本真的自己。

如果一味地维持现状，与倒退无异。时代观、价值观、世界观都在变化，如果你现在认为现状很好，没有必要改变，一旦时代飞速发展，你必将被淘汰。昨天是正确答案，明天或许就变成了错误答案。凭借这种思想，我的公司"Dial Service"一直致力于组织改革、意识改革。我取消了职员的职位等级，无论新人还是老员工，都站在同一起跑线上，并不依赖等级或地位。全员参与实际工作，回归初心，依赖的只有自己的能力。今后的时代并不是等待公司对你提出具体工作要求，而是追求独立思考，独立工作，同时，达到大家团结一致的积极状态。

在一成不变的环境中，用习惯的工作方法工作的，固执己见的员工也不在少数。有的人质疑改革，有人踟蹰不前，犹豫不决。人不能满足于现状，还有一些原本就有"想要改变"的心，但是，容易被改变所伴随的风险或不安打败，从而安于现状的人。总而言之，未经受重大挫折的人或过于在乎职位的人害怕改变。他们不想走得更高更远，担心失去现在已经拥有的，不想改变现有的环境。

另一方面，战胜失败的人容易接受变化。他们坚信"考验或改变必然能够被战胜。""今天做同样的事，明天还是碌碌无为！"因为他们明白这些道理，所以自信满满。从职位中解脱，重新回到实际工作中。勇于发挥自己的本领，努力提升绩效的员工也是有的。这类员工通过实际行动感受到改变才是成长的原动力，所以他们乐于回归成普通员工。

我想要成为"自己能够创造条件去改变"的人。人生中，出现意想不到的分歧点时，我会选择"变化较大的"。仰天长叹、心惊胆战、兴奋不已的次数越多，人生才越有乐趣。"变化次数越多，遇到的未知越多，才会更快成长。"我明白这个道理。面临人生分歧点时，试着想象一下一成不变的后果如何。并且，亲身体验一下你有必要且能够经受的"变化"。

试着自己走出去。并且，看到有困惑的人，试着自己主动关心，试着伸出援手。与附近的人有意见分歧时，主动示好。小小的行动，就能体验到"变化"的乐趣。只要"想要改变"的萌芽一旦产生，便是进步。有意识地主动走出去，看到的景色会大不相同。人生如果一直平淡无奇，昨天和今天一样，明天继续着今天，直至人生结束，难道不可惜吗？

好不容易撑到现在！继续勇往直前

我对于通过"自我对话做出的选择"有信心，也会贯彻到底。为了找到适合自己的生存方式，如果选择"创业"这条路，决不能中途放弃。这是因为，要对自己创建的公司如同对自己的孩子。

将孩子养育成人，并不是一帆风顺的过程，孩子有时会让父母伤心欲绝。当孩子不听话时，孩子生病时，自己感到厌恶时，仍然充满爱意的养育便是父母的责任。以"孩子不像自己"或"孩子总是生病"为理由，放任不管。如果觉悟仅限于此，当初就不该生孩子。企业经营与养育孩子一样。孩子（公司）即使未遵从父母（经营者）的意志，即使生病或受伤，也要倾尽全力守护。经营公司的过程中，必然会经历挫折或困境。我的公司就遇到过几次生死抉择，受到了巨大损失。大赞助商撤资，重要员工辞职，没有一分钱收入。即便如此，经营者为了公司能够生存，负有不可逃避的责任。

1970年左右，是重工业繁盛的时代。社会价值观是"高大全"，"金钱"和"物质"最重要。在那样的时代，我的公司开始运作，试图向人们展现看不见摸不着的事物（信息、心理、智慧）。一位实业家曾这样劝我："你那公司没前途，干脆别干了。我给你5000万日元安家费，来帮我做事吧！"我公司刚开始第一年的销售额是500万日元，这个安家费可是10倍的数额。但是，我只能表示谢意并婉拒，我不能放弃这个还看不到未来的公司，想都不会想。

为了人类能够重新拥有相互帮助的本性，为社会做出贡献，帮助弱者，取自社会的还给社会。并且，为了更多的人学会感恩，"Dial Service"有信心将您培养成这样的人。

　　我遇到过许多不得善终的局面，但凭借能够重新振作的魄力，最终将中小企业培育成熟。即便公司面临倒闭，也不会害怕浴火重生。生存下去，站起来，为了社会及人类，这才是中小企业的生存方式。即便经受痛苦，公司受到重创，被嘲笑，被亲人抛弃，也要接受这一切，失败就是重生，为了更多人的幸福而努力。不放弃，接受挑战是创业者的使命。

　　如果你选择了创业，一定要有用一辈子去爱护自己公司的觉悟，这也是企业家追求的"境界"。

努力不行，再努力

当你开始做一件谁也没做过的事情，这个消息会立刻被意想不到的人或敌对方知道。当眼前出现"壁垒"时，我是这么想的："就是现在，是磨炼自我意识的时刻。"只要真心想做，即使遇到阻碍，也不能怯懦让步。就算被人说是"怪人""疯子"，也要微笑面对，毫不在意。只要坚持这种强韧意志，就算敌人也会变成朋友。就像黑白棋游戏，敌方也能变为伙伴。

演讲结束之后，经常有不认识的人向我打招呼，很是意外。"我每天晚上打电话给'儿童110'，陪伴我长大。""我从母亲那里听来的。母亲是一边与'儿童110'聊天一边将我培养成人。""现在我的孩子都会打电话给'儿童110'了。"与长大成人的孩子们相遇，为他们的成长感到开心，就在与他们紧紧拥抱的瞬间。与我有缘的几百万人正支撑着这个国家的发展，我感到无比自豪。

　　我开展"婴儿110"项目是在"Dial Service"成立2年后的1971年。当时，对养育孩子没有自信的母亲"虐待孩子"的事件被曝光出来。父母在肉体及精神上给孩子施加压力。有些父母将婴儿遗弃在车站的投币储物柜旁，有些干脆直接将婴儿丢到河里，每年约有4—5件惨不忍睹的弑子事件。1970年之后，为了推动小家庭化（一般是指三口家庭，即家庭成员较少），帮助年轻母亲抚育子女，帮助困苦的母亲们，保护孩子们的生命。为父母弑子事件感到痛心疾首的我，启动了通过电话进行育儿聊天服务的"婴儿110"项目。这项服务史无前例，是全球首创。电话聊天服务是否能够通过商务活动实现？谁也不清楚。当然，这种服务是否能够长久生存下去的疑问也是不绝于耳。"聊天是真心的吗？今野由梨脑子坏了，自己都没生过孩子。"听过许多类似尖酸刻薄的话。但是，我是"真心"的。

我年轻的时候，专门做别人不敢尝试的事情，所以被贴上"怪人""疯子"的标签。当时，大学女生非常少，当我说想去上大学时，遭到周围许多人反对，当我1969年说创立公司时，又遭到许多人反对。"想要创立对社会有贡献的公司。想要为生活困难的人、迷茫的人、艰辛的人提供电话聊天服务帮助。"执念于此，但谁也没有听过或见过的服务，很难让人理解支持。

自从在NNT提及"婴儿110"的收费制度，到其实现居然耗费了20年。改变规章制度并不简单，但是20年内我没有想过退缩。"这条路行不通试着换别的路。"有一定的道理。但是，我认为这条路走不通，一定要走到走通为止。一次不行再来，使尽全力，用尽心思，勇往直前。只有这样，你的信念及思想才能撼动别人。

　　　　　你所走过的路，都是必经之路

第六章

人生与国家

从逆境中发现意义

前几天深夜随意打开电视，电视节目中正在验证地球化。（改造地球以外的其他星球，使其适宜人类居住。）甚至有人说，人类逃离地球的时代即将到来。逃出环境日益严重破坏的地球，移居火星。通过3D打印等技术，可以在火星上建造住宅。

移居地球以外的星球，开发宇宙资源。这个确实是充满梦想的话题。但是，我并不赞同。因为环境破坏加剧，资源逐渐枯竭，放弃充满奇迹的地球，这种想法让我感到凄凉。所以，我觉得最重要的并不是利用最尖端的科学技术逃离地球，而是恢复地球。让我们一起恢复自己舍弃的故乡，被废弃的居民区、田地、井水、河流、山地，这才是最重要的工作。

经历311地震、海啸及核泄漏事故的日本人直面灭世般悲惨遭遇。即便如此，也没有人逃避、放弃，不卑不亢地重新站立起来，将我们的坚强展现给世人。即便陷入人类无法改变的窘境，也要在世人面前重新振作起来。在谈论军事力量强化及宪法修改之前，更应将聪明才智用到灾区，引导全世界的关注。

今后的时代是发展中国家奋力追赶的时代，或许会达到发达国家同等高度。或许，经济优先发展，环境保护滞后。发展中国家的城市大气污染与曾经日本的"公害"一样，酸雨、化学物质污染愈发严重。

但是，已经经历过的日本应该告诉发展中国家：

"不能再犯同样的错误了！"可以引导发展中国家朝着正确方向发展，找到解决对策。

曾经，一位尼泊尔的智者这样说："虽然日本很有钱，但也不应该随意援助别的国家。这些钱会导致那些国家和国民之间产生不信任，失去尊严，受伤或产生混乱，甚至不相信自己的国家。"这一番话让我很吃惊。"援助"并不是一味地投放金钱，还必须监督其用途是否能够使国民幸福，否则纳税的日本国民也不会同意随意援助。

人或国家在面临逆境时，才能清楚发现自己的"使命"。当然，没有地震或其他灾害是最好的。但是，过去几百年甚至几千年，正是凭借这种苦难中的经验，日本人从痛苦中获得智慧，进行技术开发，成为全世界的标杆。从逆境中发现意义，思考这个国家的使命是什么？

人生没有偶然，万事皆有意义

人生没有偶然，每件事都有意义，发生的就该体验。即便认为不合理，也要先接受。在抱怨不满之前，试着思考其意义。发现其意义的时候，人就能发挥自我价值。现在或许不相信。但是，当你经历过之后，必将体会到每件事都有意义，没有偶然。因此，先相信每件事都有意义，人生自然会步入顺境。

1945年7月17日，三重县桑名市内被投下数千枚燃烧弹。燃烧的火焰越发激烈，城市化作一片火焰地狱。当时只有9岁的我与父母、姐妹失散，独自身处火海。恐怖在我心中，我一直在祈祷。"为什么？我又没有做坏事，为什么我承受这一切？我会在这里被烧死吗？如果能够活下来，我一定努力避免战争，避免无辜的孩子丧命。所以我向神明祈祷。请不要让我死去！请帮帮我！"

拼命地躲避、奔跑，地面坍塌后仍然继续跑，中途晕倒后又醒过来，被陌生男人背着，逃出了火焰。我没有受伤，奇迹般抓住了生命。"神明答应了我的祈求。"在对女性上学带有偏见的年代我就读于津田塾大学（英文专业），作为纽约世博会志愿者远赴美国，是为了到美国之后，告诉美国人："请停止战争，不要再剥夺孩子们的生命。"我有这种使命感，必须从事为此奋斗的工作。

　　但是，大学毕业之后没有就业机会，就职之路向我关闭，这在歧视女性的时代并不奇怪，那是职业女性的黑暗时代。这么认真地学习却找不到工作，让我感到愤慨。但是，如今的我并不这么想，我作为女性出生在那个时代具有特殊的意义。

正因为战争中出现了那个夜晚，我决定步入与姐妹们不同的未知世界。并且，正因为经历"男性社会"，才决心创建能够使女性工作的舞台。如果当初正常入职，则无法成为企业家。

如果我出生在不同的时代，应该会形成完全不同的思想，如今的自己就不复存在。但是，我的命运就是出生在那个时代，这是必然。只有这样想，无论逆境、偏见或障碍，我都能接受如今的自己。我心中产生"为了世界及人类"的萌芽便是从那个时代开始的。人类是被比自己意志更加远大的意志或价值所支配着，任何人在相应的时代、相应的国家出生及成长，必然有其意义，所发生的任何事情都是必然。

真正的"富有"是将自己的作用完全发挥

十几年前，我曾去俄罗斯考察。想看看俄罗斯人在想什么，他们如何生活，于是走到街上，俄罗斯的现实生活近在眼前。一位带着孩子的母亲告诉我这样一件事。

有一天，与孩子一起去市场采购，孩子在卖香蕉的地方站住。但是，她没有钱买整把香蕉。没办法，只能试着央求卖家能不能卖一个给她，但是卖家装作没听见。正在这时，一个男子将店里的香蕉全部买走了。母亲追着那个男子，恳求卖给她一个香蕉，但是对方没理会她。男子将所有香蕉放入车中，扬长而去。

她哭诉着："如今的俄罗斯，没有人在意孩子的尊严。"

　　将孩子的个性和尊严剥夺走的社会，无论如何都是错的。在这个奇迹般的小星球生存，大家如何才能变得富有？这种"富有"到底是什么？值得大家认真思考。

　　如果日本处于极其贫穷的时代，大人或孩子能吃饱肚子就是富有。经历过经济高度增长，度过了那个贫穷的时代，成就了现在的富有，日本的选择并没有错。但是，在步入经济大国的道路上，在操纵国家大方向的背后，无数人付出人生及生命的代价也是事实。

　　快速的经济发展带来快速的"小家庭化"也是许

多人的悲哀，必须有人插手，必须有人将一些大事件的责任理清善后。为了这个目的，我创建了"Dial Service"。旨在将竖起经济成长大旗，继续追求金钱和物质的日本重归于以和为贵的日本。

那么，当今时代的"富有"到底是什么？吃得饱或拥有许多财富，就能变得富有吗？我并不这么认为。为自己选择的未来而耗尽所有力量去奋斗，这才是富有。

不尽全力，大家都会渐渐疏离，不久便会逝去，这种社会不值得创造。所有人无私奉献，完全付出才是真正的富有。并且，我相信完全发挥自己的作用与勇气、希望、挑战密切相关。并不是自我救赎，只要能够将别人的眼泪换成一丝笑容就好。如果地球上所有人都能够为别人倾注自己的力量，世界必将产生巨大变化。

每个人都有与生俱来的使命

　　我创业之前的10年，大半时间在纽约和柏林度过。当时，美国以及欧洲的女性已经完全融入社会。我也曾想过不再回日本，留在美国工作。

　　回日本后，我知道作为女性企业家，严酷的现实正在等着我。即便如此，我仍然选择回国。是因为我毫不怀疑地相信自己肩负着为世界、人类及我的祖国而生的使命。为了祖国日本，就像鲑鱼生在大海却洄游至河川，对我来说是顺应自然。

　　如果创业的目的仅仅是为了自己，就没必要回国。如果为了赚钱，还有更多更快的赚钱方法。但是，经历过那场战争的我想要为国做出贡献的愿望非常强烈。"为了避免无辜的孩子丧命，我会竭尽全力。"这是我必须做的。

前些天，有人介绍一位年轻的企业家，我们一起吃了饭。当他知道我想要为国做出贡献，微微颤抖地哭着对我说："实际上我也是这么想的。但是以前遇到的人都没说过自己要为国做出贡献，这次真的很感动，很开心。"我在他的眼泪中看到了这个国家的希望。

放眼世界，纷争还在继续，贫穷还未消除。能源、食物日渐枯竭，绿地也变成沙漠。不久的将来，地球无法支撑下去，与其强调个人的得失、权利、利益，不如反省作为人的最大使命，每个人都应行动起来。

每个人都有与生俱来的"使命"，每个人都被赋予了完成使命的能力。但是，如果你认为自己无足轻重，或许你只考虑个人的得失。在地球村时代，日本这个国家应该发挥的作用还有很多。每个人在决定为了世界、人类及国家做出贡献的同时，也会发现自己的作用、使命、才能。

日常生活中也好，工作中也好，隐藏着许多发现自己使命的"启示"。如果未发现这些启示，可能是"感性的天线"受到干扰。消极认为"生存就应该是平凡的"，好奇心就会被掩盖。原本启示近在眼前，却被先入为主的观点蒙蔽双眼，以为启示还在很遥远的地方。任何时候，任何地点都要伸出感性的天线，观察街上的人群或绿色的大自然，自然会获得许多信息。不要忘记日常生活中那些能够发现自己使命的机会和启示。

撕下标签，摒除偏见

我在西柏林对欧洲的"电话服务"进行实际调查时，被当地认识的韩国企业家骗了，受到损失。此外，在美国成立公司时也受到一个韩国人匪夷所思的对待。我被按照他本人意愿任命为副社长的韩国人起诉了，起诉的理由是"因年龄、国籍、人种的差别对待"。毫无依据的起诉，裁判结果居然是我告负。于是，我从纽约撤离。当时，美国律师数量增长过度，以日本企业为目标提起诉讼的情况较多。"为了修复曾经因为战争敌对国而丧失的信赖，民间交流至关重要。"我是这么认为的，所以才去了美国，却被信赖的韩国人陷害。即便如此，我仍然致力于成为日本和韩国、日本和中国、日本和亚洲各国之间相互交流的一座桥梁，并且至死不渝。今后，也将更多与韩国、中国持续友好交流。近几年，日韩的关系逐渐恶化，解决日韩两国之间问题的症结尚未发现，双方的相互指责日益激烈。

但是，我们现在必须努力解决的是人口问题、环境问题、能源问题、难民问题等"全球性问题"。为此，各国应相互合作，敞开胸怀，促膝而谈。那么，我们还要继续相互指责下去吗？22世纪之后，23世纪之后，还要继续大肆宣扬仇恨言论、攻击言论，招致邻国仇恨吗？虽然当时以"毫无根据"回击对方，确实也得到了暂时的清白，但留下的是更深的仇恨。没有100％积极的人，也没有100％消极的人。只要是人，消极或积极各占50％。即便如此，我们将彼此50％的积极因素相互融合，就能更具建设性。不能厌恶或仇恨对方，应试着表现出好意、善意。并且，更多关注对方积极的一面，或许彼此之间关系会比亲兄弟还好。

　　20年前，曾与以美国为主的200名女性企业家进行过交流。其中有些人没有去过日本，或没有日本朋友，或没有与日本做过生意，却以先入为主的观点抨击日本。于是，我邀请这些代表来到日本，向她们介绍日本后，她们的观点发生巨大变化，"日本人这么优秀！以前没有见过日本人，并不知道真实的日本是什么样的，对自己的偏见感到羞愧！"在批判邻国的人之前，先试着一个人去这个国家旅行，结交当地的朋友。结交朋友之后，邀请他们来日本。这样一来，就能排除国与国之间的偏见，建立人与人之间的真实关系。去都没去过，也没有这个国家的朋友，却批判这个国家是一种耻辱。无论韩国人、中国人、日本人，我们都应该抛开先入为主的观念，撕下标签，走出国与国之间的政治大流，作为生存于当下的人类的观点进行思考。不能盲从于媒体的信息，还是以自己的亲身体验为主，凭借自己的感知和头脑进行判断，这才是真实的人类智慧。即使自己坚定的思想或主张相互碰撞，我们也要拥有冲破这种固执的勇气。

后　记

即使在人生低谷，我也不会忘记一句话。那就是，"Here，now（此时此地）"。

之后发现，这句话始终在我的身体内畅快流淌。"谁将我带到这里？什么造就了现在的自己？"日本首创的"电话聊天服务"。成立Dial Service，培育出"婴儿110""儿童110"等划时代的服务，如今还被称作"女性投资第一人""创业之母"的我，并不是一开始就为了这些而活，就业失败之后没有工作，便步入了企业家这条始料未及的道路。

我的人生总是意外不断。试着想想，正因为意外不断，我才能发现未知的自己，发现真正的自己。接受老天给我的意外恩赐，我存在于"此时此刻"。即便逆境或考验仍然继续，我也拥有使自己闪光的方法。没关系。今天不行还有明天，明天不行还有后天，好运必将到来！

如果本书能够给您一些启示，我将无比荣幸。最后，对极力推荐本书的软银集团董事长孙正义先生，全面协助本书策划的"河口湖八音盒森林美术馆"代表平林良仁先生，协助完成本书的CHLOROS的藤吉丰先生，以及负责编辑的钻石出版社的饭沼一洋先生等表示衷心感谢。

Dial Service株式会社　社长　今野由梨

参考文献

- 《开拓你的路》（松下幸之助/PHP研究所）

- 《美好语言造就美好人生》（斋藤茂太/成美文库）

- 《创业与生存》（今野由梨/日本经济新闻社）

- 《女性的选择》（今野由梨/日本放送出版协会）

上架建议◎畅销·成功励志

ISBN 978-7-5168-1639-4

9 787516 816394 >

定价:38.00元